Créditos

Editorial: BoD · Books on Demand, Calle de Manzanares, 4, 28005 Madrid, bod@bod.com.es
Impresión: Libri Plureos GmbH, Friedensallee 273, 22763 Hamburg (Alemania)
ISBN: 978-8-4137-3061-5

Materialización

Este no es un documento sobre lo sobrenatural ni presenta conceptos subjetivos, aunque referenciará algunos. Este artículo trata de explicar el concepto NADA y la formación de la tangibilidad en base a actuaciones objetivas, que pueden comprobarse mediante experimentos simples, observaciones y lógica cognitivo-objetiva.

INICIO

Como se ha postulado en libros anteriores pertenecientes a esta Teoría, los cuales presentan una explicación de la realidad y la formación del Todo, los conceptos de NADA y REAL definen dos estados distintos. El estado REAL es fácil de procesar por intelectos basados en la cognición comparativa debido a la existencia de referencias con las cuales se comparan diferencias. El estado REAL es detectado por los intelectos comparativos a través de un proceso cognitivo diferencial-referencial. Este concepto abarca tanto lo tangible, que representa lo material, como lo intangible, que representa las diferencias. Estas últimas, aunque siempre sean intangibles, están necesariamente vinculadas a sus referencias.

Ejemplos prácticos:

Un objeto, por su naturaleza tangible y existencial, siempre está vinculado a múltiples referencias. Incluso cuando se lo considera singular, debe relacionarse con otras referencias para poder identificar diferencias.

Por ejemplo, una esfera maciza que representa una partícula sin espacio interior entonces sin divisiones, presentará diferencias precisamente porque está situada en un espacio. Esto implica automáticamente la presencia/identificación de otro elemento irrefutable: *el Espacio* mismo. Si todo se resumirá y definiera únicamente en relación a sí mismo como un elemento excesivamente singular, no sería posible distinguir diferencias, incluso estas dejarán de existir.

El Espacio es una referencia objetiva y existencialmente irrefutable. Aunque no sea directamente tangible, engloba a la esfera y la define. Sin embargo, hasta ahora, el espacio ha sido prácticamente ignorado en este sentido. Si bien se reconoce como una entidad objetiva por su evidencia irrefutable, no se lo ha considerado un elemento en sí mismo debido a su aparente inconsistencia y tendencia cognitiva hacia lo tangible. No obstante, en la Realidad, el *Espacio es un componente fundamental y esta teoría le da la propiedad de elemento básico fundamental.*

Así, podemos identificar un objeto tangible, definido, situado en un espacio aparentemente indefinido por falta estructural. Un objeto que ocupa un espacio genera diferencias volumétricas, de superficie y otras diferencias derivadas que lo implica. Gracias a estas diferencias, la cognición comparativa puede operar, detectando variaciones entre referencias. Todo en la realidad funciona de esta manera: *es referencial-diferencial, lo que permite la funcionalidad.*

Si solo existiera un único elemento sin espacio alguno, la cognición no funcionaría directamente, aunque podría hacerlo indirectamente al usarse a sí misma de forma subjetiva como referencia comparativa, con un hipotético elemento singular. Sin embargo, un único elemento carecería de funcionalidad, lo que indicaría un equilibrio perfecto y total. Donde *hay equilibrio absoluto, no existe funcionalidad*, ya que esta requiere cierto grado de desequilibrio.

Ejemplo binario: Si solo se dispusiera de bits con un único valor "todos 1 o todos 0", no habría función debido a la falta de combinaciones o generación de referencias. En cambio, si existen unos y ceros, ya se puede generar funcionalidad a través de combinaciones, derivando en referencias cuya cantidad será proporcional a la capacidad máxima combinatoria condicionada por la magnitud combinatoria permitida por el marco de actuación, la cual aumenta progresivamente si se le añade un orden de actuación temporal "la sucesión de causas y efectos será siempre incremental".

Sin embargo, esta actuación no define el tiempo como una entidad en sí misma; más bien, representa una diferencia incremental perteneciente a lo intangible. Esto implica que, aunque dos configuraciones estructurales sean equivalentes, su sucesión en el orden de actuación marcará etapas diferentes cada una con su etapa correspondiente. La etapa superior será siempre el resultado de la combinación anterior, generando así un orden jerárquico y de dependencia "*proceso incremental de actuación sobre una base preexistente*".

La sucesión incremental de actuaciones es lo que percibimos como tiempo. No obstante, el tiempo es solo una percepción subjetiva. En términos objetivos, solo existen sucesiones de causas y efectos con carácter incremental.

Lo que define también condiciona

Las diferencias que definen una referencia o conjunto de referencias también las condicionan, y este condicionamiento se traslada a la funcionalidad. Por ejemplo, un objeto está condicionado por su masa, volumen, superficie y otras características que lo definen. Estas diferencias intangibles determinan su comportamiento, y este es un concepto fundamental que no requiere mayor explicación por su evidente relevancia.

Una vez aclarado esto, pasamos a definir los dos estados: el anterior y el de la realidad.

NADA: Ya no es un concepto, es un ESTADO. NADA representa un estado sin funcionalidad; al no tener funcionalidad, es un estado atemporal, pues carece de actuación y de sucesiones de causas y efectos. Es un estado indefinido, donde no hay referencias y, por lo tanto, tampoco diferencias. Como lo que define también condiciona, este estado indefinido no está condicionado, lo que lo convierte en un estado de potencialidad absoluta.

Pero, cómo hemos mencionado, hay un cambio de estado, de NADA a REAL, donde REAL implica funcionalidad (funcionalidad refutada por evidencias actuales). Debido a este cambio y solo en esta etapa, el estado NADA se puede definir, como un estado **NO INICIADO** usando comparación con el REAL.

REAL: Tampoco es un concepto, sino un ESTADO que, a diferencia del estado NADA, presenta funcionalidad y tangibilidad. Por lo tanto, el estado REAL es un estado **FUNCIONAL**, condicionado por la presencia de **REFERENCIAS**, de las cuales derivan diferencias. El estado REAL está definido por las **REFERENCIAS** y las **DIFERENCIAS** que lo caracterizan, tanto las tangibles como las intangibles.

Es un estado **finito** en términos de componentes y combinaciones posibles por ser definido (*lo que define condiciona*); sin embargo, la sucesión de causas y efectos le otorga un carácter **INCREMENTAL**. Esto significa que, aunque haya repetición de configuraciones, cada repetición corresponderá a una etapa diferente, que se sobrepondrá sobre las anteriores. Esto genera una acumulación de actuaciones que da lugar al aumento de procesos dinámicos.

Cambio de estado

El cambio de estado de NADA a REAL no es temporal, ya que en el estado NADA no hay actuación ni sucesión de causas y efectos. Por lo tanto, en términos cognitivos comparativos, de percepción y función, el surgimiento de la REALIDAD ha sido *instantáneo*.

Esto se debe a que el TIEMPO, tal como lo percibimos, es únicamente subjetivo. El tiempo es el resultado de un proceso **cognitivo-comparativo** sobre las sucesiones de causas y efectos objetivos que afecta también al observador con su capacidad cognitiva.

Esto significa que si la REALIDAD dejara de actuar “es decir, si cesara la sucesión de causas y efectos” durante un millar de años, los sujetos implicados no podrían detectar este período de inactividad por ser parte del mismo sistema. En consecuencia, el tiempo no solo **no es una**

entidad objetiva, sino que tampoco es **lineal**; es únicamente una percepción consciente y subjetiva.

Un ejemplo claro de esto es el período de inactividad parcial biológica/cognicional que conocemos como **dormir**, durante el cual la noción del tiempo cesará (parará) hasta el momento de despertar, cuando es necesario **re-sincronizarse con la objetividad** "mirar la hora, preguntar por ella u otro método".

Naturaleza de las cosas:

La Realidad se auto contiene.

Hasta ahora hemos detectado dos naturalezas diferentes:

1. **Lo tangible**, que representa lo material, estructurado.
2. **Lo intangible**, que corresponde a las diferencias (Actuación) y separación (marco que define y condiciona la actuación).

Existe, además, un estado intermedio: el **espacio,** dinamismo no estructurado que es algo más que intangible por ser responsable por la inercia lo que le da un cierto grado de viscosidad.

Ejemplo hipotético para la inercia: "Es como intentar moverse en el agua: para acelerar, tienes que vencer la resistencia del agua y empujarla hasta que consigues que tu cuerpo y el medio alcancen la misma velocidad. Para frenar, también necesitas detener el agua que tú mismo has desplazado al acelerar. La misma masa que empujaste ahora se vuelve parte de la resistencia que debes superar para detenerte (cambio de posición). Esto se tiene que aplicar a las trayectorias en caso del Espacio, donde el Espacio se define por Trayectorias indefinidas con cierta magnitud dinámica potencial que define su viscosidad"

Sin embargo, la REALIDAD parte de un estado NADA, en el cual no hay referencias ni diferencias, lo que imposibilita la funcionalidad y la generación de sucesiones de causas y efectos. **Sin causas, no hay efectos; sin referencias, no existen diferencias.**

Por lo tanto, todo lo que detectamos hoy en una REALIDAD consolidada —tanto lo **tangible** como lo **intangible**— se ha generado desde NADA. Esto implica que **todo lo tangible debe partir de lo intangible** y que **todo lo existencial debe surgir de lo in-existencial**.

Este artículo, junto con la teoría a la que pertenece, explica esta transformación en base a una actuación.

Todo en la realidad es referencial, diferencial e incremental

A través de nuestra experiencia cognitiva, observación y vivencia, hemos detectado que **todo en la realidad es incremental y casi repetitivo**.

- Los años se repiten.
- El día sigue a la noche.
- La Tierra gira alrededor del Sol.
- La Luna, orbita, alrededor de la Tierra.
- Los ciclos familiares se repiten.
- La vida de una persona es una sucesión de patrones reiterativos.
- Las manecillas del reloj giran constantemente alrededor de la esfera horaria.
- El funcionamiento del motor de tu coche tiene un funcionamiento repetitivo.
- Tus pasos siguen un orden repetitivo.
- Los electrones en el átomo siguen orbitas elípticas repetitivas también.

En apariencia, **todo parece predecible**, solo lo entorpece el carácter incremental.

Sin embargo, hay este factor determinante: **el carácter incremental de las cosas**.

A simple vista, podríamos representar estas trayectorias como circulares. Por ello, los mapas del sistema solar muestran órbitas elípticas. Sin embargo, esta es **una visión exageradamente simplificada de la realidad**, ya que omite el carácter incremental de los eventos.

Si tuviéramos que dibujar una trayectoria real que represente el proceso, esta no sería simplemente circular, sino **una espiral ascendente y en expansión con cada vuelta**.

Esto indica un **carácter acumulativo**, donde el incremento se produce por la sucesión de causas y efectos, lo que conlleva un aumento en **componentes, actuación y dinámica universal** que solo se puede explicar por un aumento del elemento constituyente de la misma.

Importancia del estado NADA

Lo más importante es comprender **el estado NADA y su definición**. Es un estado difícil de asimilar para intelectos basados en **cognición comparativa**, debido a la falta de referencias.

Sin embargo, **este estado es la base de toda teoría que busca explicar la REALIDAD en su conjunto**, desde su formación hasta su estado actual.

Para comprender la **formación/materialización de la REALIDAD**, es fundamental tener muy claros estos conceptos antes de profundizar en ellos.

Conclusión:

Todos estos conceptos serán explicados en detalle, sin omitir elementos clave. Aunque son ideas **simples**, pueden resultar **difíciles de procesar** para la mayoría de los intelectos con procesamiento cognitivo comparativo, especialmente si no se dispone de conocimientos básicos objetivos "REFERENCIAS" sobre lo que ya se sabe acerca de la realidad, del universo y su funcionamiento. Debido que esta misma teoría usa las evidencias preexistentes y parte del conocimiento actual.

Cambio de ESTADO: El cambio de estado desde NADA a REAL surge con la formación de la primera Referencia. La Referencia Primordial se genera en un estado Atemporal y representa la primera causa, siendo la única que no procede de un efecto o causa anterior, es la causa para sí misma, se auto define. Su surgimiento marca el paso de un estado indefinido e incondicionado a un estado definido y condicionado. ***Lo que define, condiciona.*** Así, la formación de la Referencia Primordial establece una entidad, y todo lo que define esta entidad la condicionará. Desde un estado de potencialidad absoluta e incondicionado, surge una entidad definida y condicionada, donde la magnitud ya no es absoluta sino finita y se resume a la magnitud potencial que la define. En consecuencia, aparecen las primeras diferencias, incluidas aquellas de magnitudes derivadas como las volumétricas.

Naturaleza de la Referencia Primordial: La naturaleza de la primera referencia es exclusivamente existencial. Su composición no es un compuesto ni un elemento definido, ni tiene la obligación de ser tangible. Por lo tanto, se puede deducir que la primera Referencia es el cambio de estado desde NADA a REAL, donde REAL define y se resume a una referencia existencial primordial que será definida por la capacidad funcional y magnitud dinámica, lo que define también condiciona y esta es su magnitud dinámica. La primera REFERENCIA establecerá el primer elemento fundamental capaz de generar el universo actual y permitir una funcionalidad repetitiva e incremental.

Para que la primera REFERENCIA tenga capacidad de persistir, debe cumplir condiciones clave acordes con la naturaleza y magnitud del Universo actual.

Generación de funcionalidad: La Referencia Primordial debe generar funcionalidad y procesos dinámicos. Para ello, debe ser capaz de autogenerar un marco de actuación. En la etapa existencial primordial, toda la realidad se resume a esta única referencia (singularidad), lo que implica que el espacio no existe previamente, sino que debe derivarse de ella mediante un proceso de división. El espacio es separación; cualquier división genera espacio y, por ende, un aumento volumétrico de cualquier elemento, lo que explica la formación del primer elemento compuesto primordial por la división del elemento singular, resultando en divisiones y la formación de otro elemento que es el mismo Espacio. La formación de divisiones también establece un marco de actuación. La división en sí no es un proceso dinámico, pero la reunión de las partes sí lo es, generando aceleración. Este proceso se debe a un efecto que se conoce en esta teoría como ***Gravedad***, donde la gravedad se define/postula como un efecto inevitable debido a la coexistencia de Referencias (*Múltiples*) y Espacio.

Auto-incremento: La capacidad de auto-incremento proviene de la acumulación de sucesiones de causas y efectos que forman una sucesión funcional repetitiva y acumulativa (ciclos). El proceso se fundamenta en división no dinámica y reintegración dinámica. Cualquier proceso no dinámico que pueda generar un proceso dinámico es un proceso incremental, sumando la dinámica de cada proceso de reintegración en una actuación repetitiva (entre ciclos).

La Realidad es la máquina más simple y la única máquina de sí misma, constituida por un solo elemento fundamental.

Máquina elemental: La Realidad parte desde un estado no iniciado denominado NADA. La formación de la Referencia Primordial marca el cambio de estado desde NADA a REAL, donde la REALIDAD se resume en a una sola Referencia en su etapa primordial. La Referencia genera su primera acción posible: su propia división, lo que da lugar a la separación que conocemos como Espacio. Con la formación del espacio, aumentan las Referencias; ya existen al menos dos, pero la magnitud total sigue siendo proporcional a la Referencia Primordial de la que derivan, que incluye las referencias resultantes por la división pero también el espacio y la actuación debido que son derivaciones de lo mismo

La existencia de múltiples referencias permite la interacción, y esta interacción define la reincorporación. Dado que el espacio es una derivación de la misma Referencia Primordial, así como lo son las referencias resultantes, hará posible la reincorporación total. Sin embargo, la reincorporación introduce un proceso dinámico cual es la aceleración debido a la manifestación de la gravedad, que en esta teoría se define como un efecto inevitable derivado de la coexistencia de Referencias y Espacio.

El proceso no dinámico de división implica que, si la referencia se convierte en una singularidad, la separación desaparece, desde donde se deduce que ya no hay espacio, entonces si no existe espacio las condiciones para la gravedad no se darán. Sin gravedad, se permite de nuevo la división, ya que no hay fuerza que mantenga la referencia resultante homogénea. Pero cuando se genera separación, se restablecen de nuevo las condiciones para la gravedad, lo que genera aceleración y acercamiento, aumentando la dinámica en el sistema, un sistema que se auto contiene, todo se resume a esta. Esta dinámica incrementa la magnitud total dinámica del sistema y la nueva Referencia tendrá una magnitud dinámica aumentada a la anterior, entonces en el siguiente ciclo de separación, se pueden generar más divisiones o más espacio, o incremento de las dos, esta actuación describe un proceso repetitivo y acumulativo (ciclos autoincreméntales).

El funcionamiento de la Realidad es simple:

1. División no dinámica.
2. Formación del espacio, lo que generará gravedad.
3. Reintegración acelerada por la gravedad.

4. Al desaparecer el espacio, cesan las condiciones para la gravedad y se reinicia el proceso con una nueva división.

Este ciclo genera un aumento progresivo en la magnitud dinámica, acumulando la aceleración de los ciclos previos. Esto explica la magnitud colosal de la Realidad actual: un Cosmos que ha alcanzado su dimensión/magnitud actual gracias a un proceso simple pero incremental que le ha permitido persistir, pero también incrementar entre ciclos.

La Realidad es la máquina más simple de sí misma, basada en procesos repetitivos de desintegración no dinámica y reintegración dinámica con un carácter incremental.

Elemento Fundamental: Hemos definido las Referencias y establecido que la única característica de la Referencia Primordial es existencial, marcando el cambio de estado desde NADA a REAL. Pero, *¿de qué está hecha la dicha referencia?*

El elemento fundamental debe ser capaz de generar toda lo existencial, incluyendo lo tangible, lo intangible, lo objetivo y lo subjetivo. Todo debe derivar desde el elemento constituyente de la Referencia Primordial.

Para identificar este elemento, se debe analizar su evolución. *¿Qué aumenta tras cada ciclo de división y reincorporación?* Lo que se incrementa es la magnitud dinámica, debido a la aceleración generada por la gravedad. En la física clásica, la ley de conservación establece que la energía no desaparece. Si extrapolamos esta ley al proceso aquí descrito y consideramos que la energía es la capacidad de generar procesos dinámicos, esta teoría define el elemento fundamental de la Realidad como el **Dinamismo**.

¿Por qué no la Energía? No se usa el término Energía porque este concepto abarca una gran variedad de efectos. Estas distintas manifestaciones de la energía son derivaciones con causas distintas del

mismo elemento fundamental, que esta teoría postula como: el *DINAMISMO.*

En resumen, en cada ciclo repetitivo de desintegración y reintegración, lo que aumenta es la magnitud dinámica debido a la aceleración provocada por la gravedad. Esto implica un incremento del Dinamismo en el sistema, es decir, del elemento constituyente fundamental de la Referencia y, en última instancia, de la Realidad misma.

La Gravedad

En el estado primordial de la Realidad, la Gravedad es un efecto inevitable que surge por la coexistencia conjunta de Referencias y Espacio. Tanto las Referencias como el Espacio derivan de una Referencia singular, por lo que son estructuraciones del mismo elemento constituyente: el Dinamismo. La única diferencia entre ellas radica en la estructuración.

Pero, *¿qué significa "estructuración" si ambas son contiguas u macizas y provienen del mismo elemento?* **¿Estructuración de qué?** El Dinamismo implica una dinámica, y toda dinámica se define por trayectorias. Así, la estructuración del Dinamismo está determinada por las trayectorias que lo configuran. En resumen, la única distinción entre una Referencia y el Espacio es la disposición de las trayectorias que conforma el dinamismo constituyente: la Referencia representa una partícula con una estructura definida, mientras que el Espacio no posee estructura en sus trayectorias, son indefinidas, entonces permite y se puede configurar o puede prestar cualquier trayectoria.

Las definidas de las trayectorias de la Referencia sincronizan el Espacio circundante, transformando su dinamismo indefinido en dinamismo sincronizado conforme a su estructura, lo que incrementa la magnitud dinámica de la Referencia por asimilación por sincronización del dinamismo que definía previamente el espacio. En consecuencia, el Espacio se transforma en Referencia, reduciendo la separación entre referencias, lo que manifiesta la Gravedad.

En conclusión, la Gravedad resulta de la sincronización del Espacio conforme a las trayectorias del Dinamismo que conforma las Referencias. Donde Dinamismo es un elemento común fundamental y convertible por estructuración, diferenciando por ahora, dos configuraciones del mismo: uno con trayectorias indefinidas "Espacio, intangible, sincronizable" y otro con trayectorias definidas "Referencia, tangible, sincronizante".

Tangibilidad:

La tangibilidad indica la concentración de Dinamismo por unidad volumétrica, donde influye la sincronización de trayectorias. Puede incluir la forma, aunque esta no es fundamental. Para definir la Tangibilidad, es necesario identificar la partícula fundamental. Estas partículas pueden observarse en la realidad actual en escalas colosales, como los Agujeros Negros. Estas formaciones representan partículas individuales, sin espacio interno, por lo que no son elementos compuestos, ni tampoco materia, son Dinamismo puro estructurado en trayectorias potenciales definidas.

Existen múltiples variedades de partículas fundamentales, diferenciadas únicamente por su magnitud dinámica, es decir, la cantidad/magnitud de Dinamismo que las constituye. Estas partículas poseen una estructura omnidireccional convergente: sus trayectorias dinámicas convergen en un punto central. Dado que toda trayectoria requiere Espacio para manifestarse, la ausencia de Espacio interno hace que las trayectorias se "apoyen" en lugar de manifestarse no desaparecen solo se convierten en potenciales, manteniendo/almacenando la potencialidad dinámica, definiendo así la potencialidad dinámica de la partícula que conforman.

Estas partículas generan Gravedad proporcional a su magnitud dinámica, magnitud dinámica que determina su forma y una superficie. Entonces la Gravedad no es una caída libre, solo se debe por la disminución del espacio por ser transformado en parte de la referencia, y todo que se encuentra en este espacio que disminuye manifestará acercamiento donde la aceleración gravitatoria se debe que las trayectorias convergen siempre hacia el centro de la estructura que conforma la referencia.

Se ha mencionado la existencia de variedad de partículas, la variedad lo determina su magnitud que puede variar desde muy pequeñas (cuánticas) hasta colosales como los Agujeros Negros observados, pero también las más pequeñas, hasta difícil de observar por su escala, las que forman los componentes estructurales de los Átomos. Estas partículas se organizan en sistemas dinámicos funcionales que recuerdan a sistemas solares o planetarios, pero a escalas diminutas. Los sistemas dinámicos atómicos son responsables por la formación de la Materia. La diversidad de la Materia proviene de la capacidad combinatoria de estas partículas para formar estructuras estables, es decir, diferentes átomos.

En conclusión, cualquier sistema funcional y dinámico en la realidad está compuesto por partículas tangibles de Dinamismo, las cuales consumen Espacio para generar funcionalidad y mantener su estabilidad (física clásica). Este consumo ocurre a través de un proceso de sincronización y conversión del dinamismo del Espacio en dinamismo de las partículas.

Durante este proceso, las trayectorias del dinamismo se reorganizan, estructurando la partícula y aumentando su magnitud dinámica, mientras que el Espacio sincronizado se reduce proporcionalmente. Este fenómeno es reversible y puede observarse en explosiones nucleares, donde la ruptura de la estructura de las partículas libera dinamismo previamente potencial hasta entonces con trayectorias apoyadas céntricamente, que en parte se transforma nuevamente en Espacio. Este mecanismo explica la enorme magnitud de una explosión nuclear, en la que una cantidad mínima de masa genera una liberación colosal de dinamismo sin ser un proceso químico de reacción por oxidación.

Cómo evitan la colisión las partículas fundamentales:

Si las partículas reducen el Espacio intermedio, *¿por qué no colisionan entre sí y mantienen órbitas estables?* La respuesta radica en su mecanismo de sincronización del Espacio de manera omnidireccional en su superficie, (coincidencia de trayectorias espacio/partícula).

Las partículas fundamentales no interactúan entre sí de manera directa, sino que sincronizan el Espacio común, solo actúan sobre un espacio común definiendo una interacción indirecta entre sí. La magnitud de esta sincronización es constante y proporcional a la magnitud de la partícula, pero no necesariamente uniforme en su superficie, la capacidad de sincronización solo se produce en su superficie debido a la coincidencia diferencial de trayectorias. Si en una dirección determinada no hay suficiente Espacio para sincronizar, la sincronización se desviará hacia donde haya Espacio disponible, entonces en esta dirección el espacio disminuirá y de esta forma se genera lo que observamos como desplazamiento, la disminución direccional de espacio define desplazamiento sin movimiento. El concepto desplazamiento sin movimiento esta introducido en las teorías pertenecientes a este artículo donde se diferencia el Desplazamiento del Movimiento, por ser efectos con similitudes observacionales pero causas diferentes.

Esto significa que, si dos partículas se acercan demasiado actuarán en un Espacio común insuficiente y se generara una depresión/insuficiencia intermedia de Espacio, entonces para mantener la magnitud de la sincronización proporcional a su magnitud dinámica cambiarán de trayectoria en la/las regiones donde es posible sincronizar Espacio con mínimo esfuerzo dinámico. En casos extremos, esto puede modificar la centralidad del punto de convergencia de sus trayectorias internas, lo que induce un desplazamiento de la partícula por sincronización no uniforme en su superficie que llevara a una disminución mayor de espacio en una dirección, y ya se puede deducir que la disminución de espacio significa/define desplazamiento.

En conclusión, las partículas fundamentales no colisionan porque evitan automáticamente las zonas donde el Espacio no existe, es escaso, u manifiesta depresión, desviando la capacidad de sincronizar/transformar el espacio direccionalmente para que la magnitud de sincronización/transformación se mantenga proporcional a su magnitud dinámica, y de este modo garantizaría la continuidad/integridad de su estructura dinámica, evitando si es posible de manera natural la colisión. Su comportamiento es individual pero condicionado por el conjunto del sistema al que pertenecen. La actuación es la siguiente: Las partículas se acercan por actuar en un intermedio común que se postula como ***condición intermedia***, cuando se acercan demasiado producen oscilación intermedia, así que se acercan y se mantendrán cerca oscilando.

Este mismo principio y características de funcionalidad se traslada a niveles superiores compuestos, con pequeñas variaciones por la estructuración y magnitud individual u magnitudes grupales involucradas.

Una Nueva Teoría de la Realidad: Dinamismo y Estructuración Fundamental

Introducción

La presente teoría propone un cambio paradigmático en la comprensión de la realidad, basada en la emergencia de referencias primordiales y en la evolución estructural del dinamismo y pretende ser una guía para futuras investigaciones por su importancia. A diferencia de las explicaciones tradicionales que parten de conceptos predefinidos como materia, energía o espacio, esta propuesta postula una transición fundamental desde la inexistencia "NADA" hasta la formación de una realidad estructurada y funcional "REAL", con un incremento colosal hasta la magnitud actual.

1. Cambio de Estado: De la Nada a lo Real

El paso de la inexistencia a la existencia surge con la generación de la primera *Referencia Primordial*, la cual no depende de una causa previa, ya que emerge en un estado atemporal. La formación de esta referencia marca el cambio de un estado indefinido e incondicionado a un estado definido y condicionado.

La definición misma de esta referencia genera restricciones: todo lo que se define queda condicionado por sus propiedades. De esta manera, la transición de la potencialidad absoluta a una entidad concreta implica que las magnitudes también dejan de ser absolutas y se limitan a lo que dicha entidad define. Como consecuencia, surgen diferencias iníciales, incluidas las magnitudes volumétricas, perspectivas y otras derivadas.

2. Naturaleza de la Referencia Primordial

La referencia primordial no es un compuesto ni materia en el sentido tradicional y tampoco requiere ser tangible. Su esencia es estrictamente existencial: constituye el primer elemento capaz de generar el universo y de establecer una funcionalidad repetitiva incremental.

Para que esta referencia persista, debe cumplir condiciones fundamentales que permitan la evolución del universo. Su primera acción es la generación de funcionalidad, lo que implica la creación de procesos dinámicos dentro de un marco de actuación autogenerado.

En su estado primordial, la realidad se resume a esta única referencia, lo que significa que el espacio no preexiste, sino que debe generarse mediante un proceso de división. Dado que el espacio es separación, cualquier división genera una ampliación volumétrica y de componentes. A medida que las divisiones se forman, se establecen las primeras condiciones para la formación de estructuras más complejas.

3. Auto-Incremento y la Naturaleza Cumulativa de la Realidad

La realidad es un sistema incremental basado en la acumulación de sucesiones de causas y efectos. Este aumento exponencial se debe a la interacción entre procesos no dinámicos “divisiones por falta de gravedad” y procesos dinámicos “reintegraciones por la actuación gravitacional”. La combinación/actuación de estos elementos produce una estructura en constante evolución dinámica, entre ciclos (Universales, cada ciclo es una manifestación completa de un universo).

Cada ciclo repetitivo aumenta la magnitud dinámica total del sistema “sistema que se auto contiene”, lo que explica la escala colosal del cosmos actual. La realidad, en su esencia, es la máquina más simple posible: un sistema autosuficiente incremental basado en repeticiones de división y reintegración generando funcionalidad, en un proceso incremental.

4. La Gravedad y la Sincronización del Dinamismo

La Gravedad, en esta teoría, no es una fuerza independiente sino un efecto emergente de la coexistencia de referencias y espacio, ambos derivados del dinamismo primordial. Su naturaleza radica en la estructuración de trayectorias: las referencias poseen trayectorias definidas (Dinamismo con trayectorias convergentes), mientras que el espacio permite cualquier trayectoria por ser compuesto también de dinamismo, pero con estructuración de trayectorias indefinidas.

Cuando una referencia sincroniza en la parte coincidente (superficie) las trayectorias del espacio circundante (coincidente), se produce una conversión del dinamismo sin trayectorias definidas del espacio en dinamismo estructurado con trayectorias definidas. Esto genera una disminución de la separación (espacio) y, por tanto, un aumento proporcional dinámico de magnitud de la referencia por sincronización/compactación pero también aumenta la interacción entre todas las referencias pertenecientes al sistema (Cosmos, Realidad, Lo Real), debido al acercamiento inevitable por disminución del marco común de actuación, el proceso de conversión/transformación por sincronización define lo que percibimos como *Gravedad que sigue y va refutando la trayectoria convergente hacia una Referencia.*

5. Tangibilidad y la Naturaleza de las Partículas Fundamentales

La tangibilidad de la materia se define por la concentración por estructuración del dinamismo en una determinada magnitud volumétrica. En la realidad observable, las partículas fundamentales más tangibles son aquellas con la mayor concentración/estructuración de dinamismo en un espacio mínimo, como los agujeros negros observados que son partículas fundamentales con magnitud colosal.

Las partículas fundamentales no poseen espacio interno, lo que las convierte en entidades singulares individuales. Se definen por una estructura omnidireccional convergente: todas las trayectorias que conforman el dinamismo constituyente confluyen en un punto central formando apoyo, donde el dinamismo se almacena/transforma en potencial lo que definirá su capacidad de interacción gravitatoria.

El comportamiento colectivo de estas partículas genera estructuras funcionales dinámicas, como los sistemas atómicos, donde la interacción de partículas fundamentales conforma la diversidad de la materia.

6. El Comportamiento de las Partículas y la Estabilidad de los Sistemas

Si bien las partículas fundamentales reducen el espacio intermedio, no colisionan debido a esta actuación entre sí. Esto se debe a que su interacción con el espacio sigue un patrón de sincronización superficial (superficie/coincidencia) proporcional a su magnitud dinámica: cuando una partícula se encuentra en un entorno donde la sincronización del espacio se ve afectada por el acercamiento excesivo a otra partícula que interviene en el mismo espacio, marcando una zona intermedia insuficiente, se formara una depresión con escasez de espacio por trayectorias contrarias, entonces la trayectoria de la partícula cambia de dirección, se ajusta de forma natural "cambio de trayectoria intermedia (alejamiento)" y de este modo evitará la colisión, esta actuación individual hará que las partículas mantengan la integridad estructural de forma individual hasta si se van a mantener cerca seguirán separadas, que en caso de colisionar se verían afectadas sus estructuras.

Este principio también rige la estabilidad de los sistemas atómicos, planetarios y del universo entero, donde las interacciones entre las partículas son indirectas, se mantienen por la necesidad de sincronización dinámica en un contexto de gravedad emergente.

Conclusión:

La presente teoría redefine la naturaleza fundamental de la realidad, estableciendo el *Dinamismo* como Elemento Fundamental capaz de generar estructuraciones básicas. A través de ciclos de separación/división y reintegración, la realidad evoluciona de manera incremental entre ciclos, generando en el ciclo siguiente estructuras cada vez más complejas por aumento del dinamismo constituyente. (Los Ciclos son sucesión de Universos que actúan dentro de la Realidad)

Este modelo no solo ofrece una explicación alternativa a la formación del universo, sino que también propone una comprensión unificada de la materia, la gravedad y la interacción de partículas fundamentales, pero va más allá, siendo capaz de explicar tanto lo material, inmaterial, lo objetivo como lo subjetivo, convirtiéndola en una posible teoría definitiva. Al considerar/argumentar el dinamismo como el elemento constituyente de la realidad y presentar un mecanismo funcional, se abre la posibilidad de nuevas exploraciones teóricas que podrían redefinir nuestra visión del cosmos, de la Realidad misma.

El artículo es una extensión de las teorías previas publicadas y representa una teoría alternativa y completa sobre la naturaleza fundamental de la realidad, ***proponiendo un cambio de paradigma*** en cómo entendemos el origen el funcionamiento y la evolución de la Realidad, del los universos y del universo actual.

Algunos de los muchos puntos claves son:

1. **Cambio de Estado: De la Nada a lo Real**
   - La realidad surge a partir de una "Referencia Primordial", que marca la transición de un estado indefinido e incondicionado “Nada” a uno definido y condicionado “Real”.
   - Esta primera Referencia no tiene un origen previo; es la única causa sin un efecto anterior.
2. **Naturaleza de la Referencia Primordial**
   - No es un compuesto ni un elemento tangible, sino simplemente existencial, en su etapa toda la realidad se resume a ella (se auto-contiene).
   - Es capaz de generar una funcionalidad repetitiva e incremental que da origen al universo.
3. **Generación de Funcionalidad y el Origen del Espacio**
   - El espacio no preexiste, sino que surge como resultado de la división de la misma Referencia Primordial.
   - Esta división genera separación que establece el primer marco de actuación y multiplicidad de elementos.
   - La gravedad aparece inevitablemente debido a la coexistencia de referencias (Masas que representa multiplicidad) y espacio (Separación el marco de actuación).
4. **Aumento de la Realidad: Un Proceso Incremental**
   - La realidad funciona como una "Máquina Elemental" basada en ciclos repetitivos de división no dinámica y reintegración dinámica.
   - En cada ciclo, se acumula una mayor magnitud de dinamismo (elemento fundamental constituyente), lo que explica la magnitud del cosmos actual.
5. **Dinamismo como Elemento Fundamental**

- En lugar de energía, la teoría define el "Dinamismo" como el constituyente fundamental de la realidad.
- La energía es solo una manifestación de diferentes efectos del dinamismo.

6. **La Gravedad como Sincronización de Trayectorias**
   - No es una fuerza de atracción, sino el resultado de la estructuración de trayectorias dentro del dinamismo constituyente de la Realidad.
   - La sincronización del dinamismo del espacio por parte de las referencias, transforma el dinamismo desde un elemento a otro, almacenando/compactando el dinamismo como estructuras estables que conforman las referencias.
7. **Tangibilidad y Partículas Fundamentales**
   - La materia emerge de sistemas dinámicos de partículas fundamentales (Masas).
   - Estas partículas consumen espacio y lo asimila/sincronizan en trayectorias, aumentando la magnitud dinámica sincronizadora y presentan un comportamiento individual condicionado por el conjunto a que pertenece, capaz de evitar de forma natural colisiones.

En esencia, la teoría propone que la realidad es un sistema auto-evolutivo basado en un elemento fundamental postulado y argumentado como Dinamismo, donde la estructura y la funcionalidad emergen de ciclos repetitivos de división y reintegración. Esto implica una nueva manera de entender la gravedad, el espacio, la materia y la evolución del cosmos.

Aclaración de Actuación (El Por Qué)

Referencia Primordial

La *Referencia Primordial* marca el inicio de la formación del primer elemento existencial. No es materia ni un compuesto, por lo que puede considerarse una singularidad: la primera partícula, la chispa, o cualquier denominación que defina la entidad más simple posible.

La aparición de esta entidad representa un cambio de estado: del estado *Nada* —un estado atemporal e indefinido— a un estado *Existencial Real*. Este nuevo estado definido implica una condición y, por lo tanto, la existencia de al menos una magnitud. Dicha magnitud es *potencial*, entendiendo *potencial* como la capacidad de generar efectos. Cualquier efecto implica una actuación dinámica, por lo que denominamos a la composición de esta primera referencia como *Dinamismo*.

La formación de la primera referencia da origen a un proceso dinámico, marcando la primera etapa temporal. Por ello, la Realidad misma es **temporal**, pues se define por la sucesión de causas y efectos que genera.

Expansión y Surgimiento del Espacio

En su etapa primordial, toda la existencia se resume en esta única entidad. Por lo tanto, la *Realidad* también se resume en ella. Esto es fundamental porque su división provocará un aumento volumétrico de la Realidad misma debido a la aparición del segundo elemento responsable de esta expansión: el *Espacio*.

La división de la Referencia Primordial genera la primera *multiplicidad*, es decir, la existencia de elementos múltiples. En consecuencia, el Espacio se convierte en el marco de actuación donde se desarrollarán los efectos subsecuentes.

Se postula que la *Gravedad* es un efecto inevitable de la coexistencia de múltiples referencias, lo que implica, de manera inequívoca, la existencia de separación. Dado que la separación define el *Espacio*, podemos simplificar el postulado afirmando que la Gravedad surge de la *coexistencia de Referencias* y *Espacio*. De manera inversa, esto sugiere que las condiciones existenciales necesarias para la manifestación de la Gravedad son dos:

1. *Masas* (las referencias de Masa)
2. *Espacio*

Por lo tanto, las referencias, al manifestar Gravedad, también manifestarán ***masa*** como efecto.

Antes de la División Primordial

Si regresamos al estado inicial, cuando toda la existencia se reducía a una única *Referencia Primordial*, podemos deducir lo siguiente:

- No hay elementos externos que interactúen con ella (se auto-contiene).
- No hay energía ni fuerza que la mantenga en una forma determinada.
- No existe un marco de actuación.

(Como comparación con la teoría del Big Bang, esto equivaldría a la etapa previa a la expansión (singularidad). Sin embargo, esta teoría no está relacionada con el Big Bang, aunque puedan encontrarse similitudes superficiales.)

En este estado, dado que solo existe una referencia que se autocontiene, la única actuación posible es su división. Dicha división ocurre porque no hay ningún mecanismo que la mantenga homogénea o unida. Al producirse división, se genera el primer efecto y el único posible en su etapa: una secesión, que se volverá incremental.

Esta división es **no dinámica**, ya que no existe energía en este punto inicial. El *Dinamismo* que conforma la Referencia Primordial es solo **potencial**, lo que significa que no se manifiesta mediante trayectorias ni movimientos, pues estos requieren un *marco de actuación* que aún no existe. Sin embargo, con la división, dicho marco comienza a formarse.

El Papel de la Gravedad y el Dinamismo

La *Gravedad* es la actuación del *Dinamismo estructurado* contenido en las referencias. Este dinamismo genera procesos de acercamiento, ya que su tendencia natural es la búsqueda de equilibrio.

Un estado de equilibrio absoluto es un estado sin funcionalidad alguna, y hasta hoy, en el universo actual, todas las cosas tienden al equilibrio. A partir de esto, podemos deducir que el estado de equilibrio perfecto sería aquel en el que solo existe una única referencia. Sin embargo, este equilibrio es *frágil*:

- Cuando se alcanza el equilibrio total, desaparece la causa que lo produjo y mantuvo.
- Esa causa es la misma *Gravedad*.

En ausencia de Gravedad, el proceso de división no sería dinámico, sino **causal**, es decir, impulsado por la ausencia de un mecanismo de contención. Una vez que ocurre la división, el proceso de reunificación sí que será dinámico, debido a la actuación de la Gravedad.

Este ciclo de división no dinámica y reunificación dinámica por gravedad genera un proceso incremental, donde lo que incrementa es el *Dinamismo*. Este dinamismo es el elemento fundamental que constituye la Realidad. Con cada ciclo, su magnitud aumenta, lo que afecta:

- La cantidad de componentes.
- La expansión del marco de actuación.
- La capacidad combinatoria, que define la secuencia de causas y efectos posibles.

❖ Cada universo formado en este proceso será:
   ✔ Más grande en volumen.
   ✔ Más complejo en sus componentes.
   ✔ Más extenso en su duración.

Esto explica la colosal magnitud del universo actual, que se originó a partir de una referencia ínfima y fue incrementando su estructura mediante la acumulación del elemento constituyente en cada ciclo.

Sustitución del Modelo del Big Bang

Esta teoría reemplaza la teoría del Big Bang, pues:

- El modelo Big Bang actual asume que el *Espacio* y la *Energía* preexistían, sin explicar su origen.
- El *Espacio* es ignorado en el modelo tradicional Big Bang.
- Se postula en el modelo Big Bang una *explosión* en la expansión, lo cual es inviable, ya que:
    - La explosión es una reacción, propiedad exclusiva de los elementos compuestos (*átomos*).
    - Durante la etapa inicial precedente a la expansión, no había presencia de Materia ni de condiciones causales que permitieran la manifestación de Energía, lo que hace

que la idea de una explosión resulte no solo inviable, sino conceptualmente absurda.

La redefinición de "nada" y la expansión en frío coherente

Si el término "nada" no se define con precisión, cualquier afirmación que sugiera que "el universo surgió de la nada" resulta ambigua, o incluso conceptualmente incoherente. La teoría propuesta —basada en el concepto de *expansión en frío coherente*— aporta una base más rigurosa y operativa. En esta visión, la "nada" no se concibe como un vacío abstracto o místico, sino como un estado previo a todo: sin materia, sin energía, sin movimiento... pero con *potencial absoluto.*

Esta noción de *potencial absoluto* se justifica desde una lógica fundamental: lo que define, condiciona; entonces lo que no está definido, tampoco está condicionado. Así, al no haber ninguna condición previa ni estructura que lo delimite, este estado primario posee una apertura total a la formación de cualquier sistema.

Con este marco, la teoría rompe con la narrativa tradicional del Big Bang —una explosión caliente y desordenada— y propone en su lugar una evolución ordenada, coherente y progresiva, desde un estado sin componentes físicos hacia estructuras tangibles, sin necesidad de caos térmico inicial.

En contraste, esta teoría alternativa aquí expuesta, propone un proceso simple de *división en frío*, donde la única condición necesaria para generar un proceso funcional incremental es la existencia misma de un primer elemento.

Reevaluación del Corrimiento al Rojo: Una Nueva Interpretación del Universo en Contracción

Resumen: El corrimiento al rojo ha sido tradicionalmente interpretado como una evidencia de la expansión del universo. Sin embargo, un análisis más detallado sugiere que esta interpretación podría ser errónea. En este artículo, se propone una nueva visión en la que el corrimiento al rojo es un indicador de que el universo se está contrayendo, en lugar de expandirse. Se argumenta que el desplazamiento al rojo observado en la luz de galaxias lejanas es el reflejo de una imagen obsoleta del universo, en la cual el espacio era más voluminoso y el Dinamismo (la energía) estaba más distribuido. Este modelo se fundamenta en la conservación de la energía y el comportamiento físico de sistemas cerrados (la Realidad se auto-contiene y autodefine).

---

1. Introducción: Desde la formulación de la teoría del Big Bang, el corrimiento al rojo ha sido utilizado como la principal evidencia de la expansión cósmica. Edwin Hubble observó que la luz proveniente de galaxias distantes estaba desplazada hacia longitudes de onda más largas, lo que se interpretó como un efecto Doppler causado por la recesión de las galaxias. Sin embargo, esta interpretación asume implícitamente que el espacio se está expandiendo de manera uniforme en todas las direcciones y que la luz cambia en el recorrido, lo que no es sostenible. En este trabajo, proponemos una visión alternativa en la que el universo no se expande, sino que se contrae, y el corrimiento al rojo es consecuencia de la conservación de la magnitud dinámica (energía) en un sistema en reducción volumétrica.

---

2. El Corrimiento al Rojo como una Imagen del Pasado: La luz que recibimos de galaxias lejanas no representa el universo en su estado actual, sino en el momento en que esa luz fue emitida (salió de la fuente). En el caso del Sol, cuya luz tarda aproximadamente 8 minutos en llegar a la Tierra, podemos decir que lo observamos con un ligero desfase temporal. En contraste, la luz de una galaxia a mil millones de años luz nos muestra cómo era esa galaxia hace mil millones de años. Por lo tanto, el desplazamiento al rojo de la luz no indica un cambio en el universo actual, sino en cómo era en el pasado.

Si el universo se estuviera expandiendo, esperaríamos que la luz fuera más energética en el pasado y menos energética en la actualidad. Sin embargo, la conservación de la energía en sistemas cerrados nos dice que, si el volumen del universo fuera mayor en el pasado, la energía estaría más distribuida y, por lo tanto, la radiación observada debería haber tenido menor energía en ese momento. La observación de que la luz de galaxias distantes está desplazada al rojo podría, por ende, ser interpretada como una indicación de que el universo era más grande en el pasado y se ha ido reduciendo con el tiempo. El comportamiento presentado para la masa en esta teoría indica una proporcionalidad absoluta en el aumento dinámico que afecta todas las masas simultáneamente debido a la proporcionalidad entre magnitud dinámica en masa/superficie resultante/coincidencia dinámica entre trayectorias del espacio y partícula/magnitud de sincronización/ que provoca un aumento que guardara la proporcionalidad diferencial entre todas las partículas de masa en la realidad pero con un aumento proporcional en dinamismo. **Ejemplo experimental o hipotético aproximado practico:** *"Un globo grande (globo principal) que contiene dentro varios globos más pequeños, cada uno con un volumen diferente pero todos a la misma presión inicial. Si aumentamos la presión del globo principal, los globos pequeños en su interior se comprimirán, reduciendo sus volúmenes pero manteniendo una relación proporcional entre ellos, aumentando la relación energía /volumen."*

---

3. Conservación de Energía y la Concentración Energética en un Universo en Contracción. Imaginemos un sistema cerrado con una cantidad fija de energía en un volumen determinado, como una habitación sellada del tamaño de un estadio de fútbol que contiene 1 kW de energía térmica. Si reducimos este volumen a un metro cúbico sin alterar la cantidad de energía, la densidad energética por volumen aumentará y la agitación molecular del medio será mayor, si hay objetos estos empezara emitir radiación cada vez más energética a medida que el espacio disminuye.

Más detallado: *Imaginemos un* ***sistema cerrado*** *(sin intercambio de energía o materia con el exterior) donde la energía total se mantiene constante, pero el volumen que la contiene disminuye progresivamente.*

Ejemplo ilustrativo:

- **Estado inicial**: Un recinto sellado del tamaño de un estadio de fútbol contiene **1 kW de energía térmica** distribuida en su interior.
- **Estado contraído**: Si comprimimos este sistema a un volumen de **1 metro cúbico** *sin variar su energía total*, la **densidad energética** (energía por unidad de volumen) aumentará drásticamente y se repartirá entre todos los componentes del sistema.

Consecuencias físicas:

1.1 **Mayor agitación molecular**: Al reducir el espacio, las partículas del medio (por ejemplo, un gas) chocarán con más frecuencia y a mayores velocidades, incrementando la **temperatura** y la **presión**.

1.2 **Emisión de radiación**: Cualquier objeto material dentro del sistema absorberá esta energía concentrada y, al alcanzar equilibrios térmicos, **emitirá radiación electromagnética** de mayor energía (desplazándose, por ejemplo, del infrarrojo al visible o incluso a ultravioleta/rayos X, dependiendo de la compresión).

- **1.3 Relación con cosmología**: Este fenómeno es análogo a lo que ocurriría en un **universo en contracción**, donde la reducción del espacio comprimiría la energía existente, aumentando su densidad y provocando efectos como aumento dinámico global.

Este mismo principio se puede aplicar al universo: si su volumen se reduce debido a la materialización del espacio, la concentración de energía por unidad de volumen restante aumenta.

En un universo en contracción, la radiación electromagnética debería volverse más energética a medida que el espacio se reduce debido al aumento dinámico. Si esto ocurre, la luz visible debería desplazarse hacia el ultravioleta y no hacia el infrarrojo. En otras palabras, la interpretación tradicional del corrimiento al rojo como un signo de expansión es incorrecta; en realidad, es una prueba contraria de que el universo se está contrayendo y la energía se está concentrando uniformemente en el volumen restante guardando las proporcionalidades entre las masas, y de este modo no podríamos detectar cambios. *"Si todo en el universo —incluyendo reglas de medir, átomos y nuestras propias neuronas— se encoge proporcionalmente cada día, no habría manera de notarlo. Un metro seguiría midiendo un 'metro', pero sería un metro más pequeño que el de ayer, en un mundo donde todo ha perdido la misma fracción de tamaño. Las leyes de la física seguirían funcionando igual, porque dependen de proporciones, no de escalas absolutas."*

---

4. Implicaciones para la Cosmología. Si el universo está en un proceso de contracción en lugar de expansión, esto implicaría varias modificaciones en nuestro entendimiento de la evolución cósmica:

- La radiación cósmica de fondo podría ser reevaluada en función de una mayor concentración energética en el presente.

- La formación de estructuras a pequeña y gran escala podría explicarse a través del comportamiento propuesto para la Masa que produce acercamiento por compactación progresiva del espacio y la actuación de la masa, presentada en esta teoría y las otras teorías ya publicadas por el autor.
- Las observaciones de supernovas y su aparente aceleración podrían explicarse mediante una nueva interpretación basada en la variación de la densidad energética del universo y el efecto de la masa según esta teoría, eliminando la necesidad de suponer la existencia de energía o materia oscura.

---

5. Conclusión La interpretación tradicional del corrimiento al rojo como prueba de la expansión del universo se basa en una asunción que no considera el efecto de la conservación de la energía en un sistema de volumen variable y un mal entendimiento de la radiación electromagnéticas por darle propiedades de partícula y onda a la vez. Un análisis alternativo que define y argumenta la naturaleza de la radiación electromagnética, sugiere que el universo podría estar en contracción y que el desplazamiento al rojo es, en realidad, una manifestación de un universo en el que la energía se ha ido aumentando debido la disminución volumétrica por la estructuración/materialización presentada para el dinamismo. Esto requiere un replanteamiento profundo de la cosmología moderna y exige pruebas experimentales urgentes para comprobar esta hipótesis presentada en la actual teoría.

---

6. Posibles Pruebas Experimentales Para validar esta teoría, se podrían buscar anomalías en la radiación cósmica de fondo, análisis de lentes gravitacionales en función de la densidad energética del universo y estudios espectroscópicos detallados de galaxias de diferentes edades cósmicas. También una reflexión sobre los experimentos y ejemplos (simples) presentados por el autor en la Teoría.

En conclusión, la hipótesis de un universo en contracción proporciona una explicación alternativa a las observaciones cosmológicas y merece una investigación más profunda dentro del marco de la física moderna por su gran importancia.

"Si el infinito tiene límites (por paradójico que suene), y yo —como parte de él— también los heredo, entonces mi propia naturaleza es finita: tengo fronteras que me definen."

Formación de la Materia y la Radiación Electromagnética

*(Parte I: Desde el **Dinamismo** hasta la Formación de los Primeros Átomos)*

Introducción

Se parte de la premisa de que todo en la realidad es ***Dinamismo*** **y esto esta argumentado en la teoría**. Tanto la masa, que constituye las referencias estructuradas, como el espacio, que define el marco de actuación, se originan a partir de un mismo elemento fundamental. En este contexto, la radiación electromagnética y la formación de los átomos se derivarán de la transformación y organización del ***Dinamismo***.

1. Dinamismo y su Manifestación en la Realidad

El **Dinamismo** se expresa en la etapa primordial de dos formas:

- **Dinamismo estructurado**: Se organiza en trayectorias definidas que convergen céntricamente y forman apoyo en sus trayectorias almacenando el ***Dinamismo*** como potencial, dando origen a estructuras Tangibles (presenta consistencia) que se definen como las **MASAS** debido que manifiestan masa como efecto (las referencias).

- **Dinamismo no estructurado**: No posee trayectorias definidas, lo que se manifiesta como **ESPACIO** (separación, marco de actuación).

La coexistencia de MASAS y ESPACIO genera otro efecto INEVITABLE que se denomina y se conoce como La Gravedad, La Gravedad es un efecto de transformación por sincronización de/ y en las trayectorias del ***Dinamismo***, sincronización que se manifiesta en la parte coincidente de las trayectorias, en la superficie de las MASAS donde coincide El Espacio con Las MASAS. Entonces tanto El Espacio como las Masas son manifestaciones estructurales del mismo elemento que es El ***Dinamismo,*** lo que permite y facilita la transformación, en conclusión El Espacio se transforma en Masa. Disponemos de un Elemento Fundamental común que por ahora forma dos tipos de elementos diferenciados solo por la estructuración.

La interacción entre estas dos manifestaciones es crucial para la formación de la materia, hasta si la interacción Masa – Espacio es directa, la interacción entre las Masas entre sí, es indirecta, solo actúan en un espacio común. La conversión de espacio en masa se da a medida que el ***Dinamismo*** se concentra, aumentando las estructuras definidas y disminuyendo el Espacio proporcionalmente.

2. De la División Primordial a la Formación del Espacio

La primera referencia se divide, lo que genera dos elementos:

- Una parte seguirá definida y compacta en forma de **PARTICULAS** que manifestarán **masa como efecto** (tendrán consistencia) y tendrá trayectorias definidas en su estructura de donde derivara su capacidad sincronizadora, estas son las MASAS.
- La otra parte permanece como **Espacio**, es decir, ***Dinamismo*** sin estructura definida, que no manifestará masa como efecto y

tampoco consistencia, que permitirá cualquier trayectoria y también ser sincronizada, (permite y puede prestar cualquier trayectoria).

Este proceso de división establece la primera multiplicidad, generando diferencias elementales. El espacio, al surgir, actúa como el marco de actuación en el cual se desarrollarán las posteriores interacciones y efectos dinámicos.

3. Conversión del Dinamismo y la Emergencia de la Gravedad

Esta teoría postula que la **Gravedad** no es una fuerza fundamental, sino el resultado de la conversión estructural del ***Dinamismo***. Es decir, la gravedad surge cuando el **Dinamismo** no estructurado (espacio) se transforma en ***Dinamismo*** estructurado (masa) esto produce disminución de separación (disminución de Espacio) lo que se traduce en desplazamiento (desplazamiento observado en la actuación de la gravedad donde se mantienen y son evidentes trayectorias **convergentes** entrantes).

- Cuando la masa se forma, las trayectorias del ***Dinamismo*** se organizan de manera que convergen en un punto central, formando apoyo céntrico parando la actuación dinámica pero manteniendo la potencialidad de las trayectorias como potenciales.
- Esta sincronización en trayectorias del Espacio produce una disminución proporcional del mismo (reducción volumétrica por materialización) y, en consecuencia, un aumento de la Masa por la concentración del ***Dinamismo*** en la Masa.
- Al final de un ciclo cósmico, cuando todas las referencias se definen de forma homogénea, desapareciendo toda la separación; en ese caso, la gravedad no puede manifestarse por la desaparición de una de sus condiciones existenciales, entonces la Masa, al carecer de espacio no manifestará Gravedad y se desintegra, reiniciando el ciclo. Se deduce que

solo las Masas presentan Gravedad, si solo queda una única Masa esta no manifestará gravedad, por falta de una de las condiciones existenciales para la Gravedad, esta condición faltante es: el Espacio.

4. Comportamiento de las MASAS y la Organización del Universo

En el principio de un ciclo universal, las **masas** resultantes son estructuras compuestas de ***Dinamismo*** estructurado. Y su comportamiento se explica de la siguiente manera:

- Las masas actúan sobre un espacio común.

Presentan actuación individual condicionada por el sistema perteneciente, las partículas fundamentales evitan colisiones en una actuación individual: cuando se acercan demasiado y sus actuaciones de sincronización interfieren de tal manera que afecta el espacio intermedio común, provocando escasez de espacio en el intermedio, se produce un reajuste de sus trayectorias de desplazamiento sincronizando zonas con mayor disponibilidad/densidad de espacio, generando mayor disminución en esta zona, generando el efecto de alejamiento intermedio. El desplazamiento de las Masas se debe a su capacidad de disminuir el espacio por asimilación/sincronización/materialización, si el espacio disminuye direccionalmente se produce desplazamiento si el espacio disminuye uniformemente en toda su superficie no habrá desplazamiento, pero si, acercamiento de todas las masas que ocupan el espacio, debido que todas actúan/disminuyen un espacio común, en la parte correspondiente al intermedio sus actuaciones se suman, generando acercamiento reciproco.

- Este mecanismo de ajuste genera un desplazamiento “sin movimiento real hasta si hay cambios de trayectorias” en el que las masas oscilan y se mantienen a una distancia oscilante proporcional a sus diferencias dinámicas condicionado por la formación y desvanecimiento de la depresión intermedia de espacio.

- En el plano intermedio, la oscilación se mantienen en una posición oscilante muy estable, evitando colisiones pero también alejamiento excesivo, en conclusión las masas se acercan entre sí, oscilan entre sí, y se mantienen cerca.
- Por otro lado, en el plano orbital, la combinación de desplazamiento intermedio oscilante y el desplazamiento orbital circular, resulta en trayectorias elípticas, ya que la oscilación intermedia altera el recorrido circular tradicional.

Este proceso es fundamental para la formación de las primeras estructuras funcionales de la realidad: los **primeros átomos**. La diversidad de las partículas fundamentales, que se diferencian por su magnitud de ***Dinamismo y su capacidad combinatoria***, explica la diversidad de la Materia.

5. Resumen del Proceso

1. **División Inicial:** La Referencia Primordial se divide en dos tipos de estructuraciones: Masa (Dinamismo estructurado) y Espacio (Dinamismo no estructurado), la estructuración de su Dinamismo los define sus trayectorias.
2. **Formación del Espacio:** La división genera separación, creando el marco en el que se desarrollan las interacciones.
3. **Conversión y Gravedad:** La sincronización del ***Dinamismo*** que conforma el Espacio, transforma el Espacio en Masa, aumentando la concentración de ***Dinamismo*** en Masas con la disminución proporcional del espacio/separación generando desplazamiento sin movimiento, que define la manifestación de la gravedad, en un efecto emergente.
4. **Organización de las Partículas:** La interacción de las Masas sobre el Espacio común genera acercamiento y actuación, lo que conduce a la formación del apoyo reciproco, trayectorias

oscilantes intermedias y orbitales, estableciendo las condiciones para la formación de las primeras estructuras funcionales estables, como los átomos.

En definitiva, este modelo propone que la formación de la materia surge de un proceso de auto-reestructuración del ***Dinamismo***, en el que la disminución del Espacio conduce a un aumento proporcional de la Masa y, por ende, a la emergencia de la Gravedad. Siendo un ciclo incremental por la división non-dinámica y una reincorporación dinámica, explica la complejidad, magnitud y la organización del universo actual, ofreciendo una alternativa más coherente y completa que el modelo aceptado del Big Bang.

¿Qué más pedir al ciego que atisba el cielo y capta su fulgor?

Formación de la Materia y la Radiación Electromagnética

(Parte II: Desde el ***Dinamismo*** *hasta la Formación de los Primeros Átomos y la Emisión de Radiación)*

Formación de la Materia y la Radiación Electromagnética

La materia se compone de estructuras estables denominadas átomos. La variedad de átomos se debe a la capacidad combinatoria de las partículas fundamentales para formar estructuras funcionales estables. El átomo se concibe como un sistema funcional en el que los componentes de masa – que conforman las referencias – sincronizan y convierten el espacio en masa, manteniendo una proporcionalidad global. La capacidad para sincronizar y transformar el espacio en masa es proporcional al ***Dinamismo*** contenido en cada partícula; es decir, cuanto mayor sea el ***Dinamismo*** de una partícula, mayor será su volumen y, por ende, su superficie, donde la misma superficie define la coincidencia entre estructurado y no estructurado. Esto define también una forma, que tiende a ser esférica, ya que la esfera ofrece la mejor relación entre superficie y volumen ***(****óptimo geométrico/óptimo omnidireccional****)***. Así, se obtiene la imagen de una partícula con forma esférica, cuya capacidad para sincronizar y transformar el espacio en masa está directamente relacionada con la magnitud del ***Dinamismo*** que la conforma.

Además, se puede deducir que la disminución volumétrica del universo se acompaña de un aumento proporcional de la masa. A medida que el espacio se transforma en masa, se incrementa la capacidad sincronizadora de las estructuras, lo que implica una compactación del ***Dinamismo***, y una aceleración del proceso. Este proceso es análogo a la organización de una multitud de hojas dispersas, en un libro, donde el volumen total se reduce, y la estructura se vuelve más densa.

La actuación de estas MASAS se explica a partir del comportamiento individual de los elementos que actúan sobre un espacio común, y se manifiestan en un marco de actuación compartido. La sincronización del Espacio conforme a las trayectorias que define las Masas permite deducir que, hay un acercamiento intermedio global entre las Masas, indiferente de la región del universo donde se encuentran. Las MASAS tenderán a acercarse entre sí, debido a la disminución global del espacio (reducción del marco de actuación). Este efecto global afecta tanto elementos de forma individual, como al conjunto de la realidad misma.

En el comportamiento presentado, se concluye que las MASAS se acercan hasta que oscilan entre sí a una distancia proporcional a las diferencias en sus masas. Este efecto se debe a que, al acercarse demasiado, se genera una insuficiencia en el espacio intermedio, lo que provoca un cambio de trayectoria de las partículas involucradas. Es decir, la aparición de una depresión en el espacio intermedio produce un reajuste en las trayectorias que siguen las partículas, formando un apoyo reciproco oscilante sin contacto directo. Si se considera este intermedio como un plano, las MASAS se mantienen apoyadas y oscilantes en dicho plano intermedio; mientras que en el plano orbital condicionado por el apoyo intermedio, no existe apoyo y el desplazamiento es libre, entonces se genera otro tipo de desplazamiento muy especial y muy importante en el plano orbital, el desplazamiento orbital ayuda a la estabilidad del sistema debido que puede almacenar el dinamismo excesivo que podría afectar el sistema. El desplazamiento orbital puede asimilar tanto dinamismo, lo que puede permitir el enlace que mantiene el plano intermedio.

La combinación del desplazamiento intermedio oscilante con el desplazamiento orbital circular da como resultado trayectorias orbitales elípticas, debido a que la oscilación intermedia altera el recorrido circular tradicional. Este mecanismo explica la formación de las primeras estructuras funcionales de la realidad: los primeros átomos en el universo. La diversidad de magnitud de las partículas fundamentales, explica la diversidad de la Materia y las diferentes magnitudes dinámicas observadas en la materia.

En conclusión el primer sistema funcional fundamental define la formación del átomo, donde el átomo es un componente compuesto y estructural que define el tipo de materia. La materia genera un nuevo efecto: la **reacción**, que se origina por la interacción entre estas estructuras denominadas átomos. La reacción es un proceso de sincronización en busca del equilibrio dinámico entre las estructuras (entre átomos). Este equilibrio se manifiesta como un equilibrio dinámico y de componentes, capaz de reestructurarse formando nuevas configuraciones, conformando en ocasiones, otro tipo de materia distinta las que interactuaron (reaccionaron).

Si no se logra el equilibrio dinámico, puede producirse la desintegración de las estructuras atómicas o de las partículas fundamentales que conforman el sistema atómico. La desintegración de las estructuras atómicas liberan partículas; la desintegración de las partículas fundamentales liberan ***Dinamismo***, parte del cual se convierte en espacio y otra parte puede formar nuevas partículas estructuradas.

Asimismo, el ***Dinamismo*** libre resultante de la desintegración puede transferirse al espacio existente, formando radiación electromagnética.

Este ***Dinamismo*** libre transferido al espacio posee una trayectoria definida, es decir, está direccionado y presenta desplazamiento. Cuando este ***Dinamismo*** encuentra una estructura atómica, afectará la configuración y el desplazamiento orbital de sus componentes. Los átomos, siendo estructuras flexibles, pueden almacenar este ***Dinamismo como desplazamiento orbital,*** en el límite permitido por el enlace intermedio (el apoyo intermedio recíproco sin contacto). El dinamismo se almacena en el desplazamiento orbital, aumentando la velocidad a que orbitan las partículas fundamentales, que conforma el sistema atómico receptor. El aumento en dicha velocidad genera una fuerza centrífuga que expande el marco de actuación de los sistemas atómicos, lo que explica la dilatación observada en la materia. Si la fuerza centrífuga supera el límite soportado por el enlace, se produce la desintegración atómica y su conversión desde cual puede generarse: espacio, radiación electromagnética o partículas libres.

Las evidencias para la desintegración de las partículas fundamentales y su conversión en espacio, puede ser observada en las explosiones nucleares, donde una pequeña cantidad de materia produce un efecto expansivo colosal. Este fenómeno, que la ciencia actual no explica completamente, se esclarece al reconocer que Masa y ***Dinamismo*** son interdependientes, y que el proceso de conversión del espacio en masa se describe desde un fundamento común.

Finalmente, se establece que la radiación electromagnética –incluida la luz visible– no es ni onda ni partícula per se, sino la manifestación del ***Dinamismo*** liberado. Cuando se añade ***Dinamismo*** a un átomo, la velocidad orbital de sus componentes aumenta, lo que genera un proceso dinámico de rotación. Este incremento en la rotación se traduce en un desplazamiento que, al liberarse parte del ***Dinamismo*** sobrante al espacio, este dinamismo librado se manifiesta como radiación electromagnética (vibración del espacio). La longitud de onda que se genera depende de la velocidad del desplazamiento orbital, siendo detectable si se percibe direccionalmente como onda, por la **sombra** del elemento orbitado. Así, a mayor velocidad, mayor longitud de onda y mayor persistencia direccional del ***Dinamismo*** liberado (extrapolar a la radiación electromagnética) define la longitud de onda y diferencia energética.

En resumen, la naturaleza de la radiación electromagnética, que incluye la luz visible, se explica como la manifestación del ***Dinamismo***. Tanto el espacio como las masas, hasta la radiación electromagnética, son expresiones del ***Dinamismo***, el elemento fundamental constituyente de la realidad, conforme a lo expuesto desde el principio de esta teoría.

Importante: Puedes relacionar el Dinamismo con la Energía pero no es la misma entidad, la Energía es una estructuración del Dinamismo pero el Dinamismo no es la Energía hasta si encontraras similitudes. La Energía es un concepto que abarca una multitud de efectos, el Dinamismo es la entidad fundamental de la Realidad misma, esta Teoría lo postula como Elemento Fundamental constituyente de la Realidad, todo lo Existencial es una estructuración del Dinamismo hasta si en su origen puede no manifestar tangibilidad, puede manifestarlo solo si se estructura, en partículas.

Desplazamiento no es lo mismo que Movimiento: El movimiento necesita y implica la Energía, el Desplazamiento en cambio no necesita Energía para manifestarse, como se ha definido en esta Teoría existe desplazamiento sin Movimiento que genera también los efectos de acercamiento y alejamiento pero solo por disminución del Espacio, en un proceso de transformación por sincronización de trayectorias.

Solo las MASAS presentan Gravedad la MASA primordial no: La Gravedad, esta Teoría lo postula y argumenta como un *efecto inevitable por la coexistencia de la Masa y el Espacio*, esto siempre implicará una condición intermedia que definirá un múltiple entonces también separación. Las condiciones existenciales para la Gravedad es la Masa y el Espacio, sí una de estas condiciones no se cumple no se puede manifestar la Gravedad, esto pasa cuando todo, toda la realidad, todo lo existencial se resume a una única MASA que será una Masa Primordial.

No confundir el tiempo con temporal: Hasta si parece relacionarse no es lo mismo, esta teoría ***niega el tiempo como algo objetivo***, solo considera que hay sucesiones de causas y efectos lo que puede generar conteó, el concepto Temporal define la capacidad incremental de las sucesiones de causas y efecto, que no son ni lineares, ni tampoco constantes como se considera el tiempo objetivo, esta teoría traslada la importancia del tiempo a la subjetividad como un efecto de comparación, donde es *esencial para el despertar de la consciencia.*

Las cosas se tienen que definir por partes para entender el conjunto

--Bepe Popu--

Evidencias

MASA como partícula compuesta por Dinamismo puede ser argumentado en su desintegración. La Masa como partícula fundamental no es una entidad compuesta de componentes estructurales, representa un único elemento, objeto, entidad, partícula, singularidad, por su carácter singular, se define a lo que la define, el Dinamismo.

Entonces necesitamos una desintegración para detectar la liberación del dinamismo que la define, la Masa como Partícula Fundamental está formada por dinamismo estructurado, de tal forma que configura un apoyo en las trayectorias que la define, convirtiendo el dinamismo activo contenido, en dinamismo potencial, entonces la magnitud del dinamismo que contiene, define la magnitud de su dinamismo potencial.

No necesitamos hacer experimentos peligrosos para confirmar esta hipótesis debido a la cantidad de evidencias y experimentos ya hechos, solo se necesita revisar los resultados. Analicemos las explosiones nucleares, donde la ciencia actual todavía *no tiene claro*, el porqué se genera tanta magnitud dinámica desde una cantidad ínfima de Materia Implicada. Una explosión nuclear no es una reacción química como la mezcla de compuestos químicos, es solo un colapso de Masa. En este proceso las partículas fundamentales rompen su estructura apoyada céntricamente liberando todo el potencial del dinamismo que contiene. El dinamismo es extremadamente convertible, desde espacio hasta masa, todo lo existencial es una estructuración/derivación del mismo. Entonces como resultado de la desintegración de las partículas de masa puede resultar cualquier estructuración/configuración dinámica, desde espacio, actuación, radiación, a partículas, todo depende de la magnitud desatada.

EL ESPACIO y su relación con el Dinamismo se puede evidenciar de forma simple y sin peligro, con un experimento simple, que algunos ya han experimentado de manera involuntaria. El experimento más sencillo es el de la jeringuilla, cualquiera que estiró el pistón de una jeringuilla tapando la boquilla y resultando un ¡vacio! a dentro, ha generado involuntariamente Espacio, pero no ha detectado el efecto como tal, o se ha creado confusión cognicional por el simple uso cognitivo del concepto ¡vacio!, ignorando el Espacio formado hasta si era evidente su creación.

Argumento la creación del Espacio nuevo y su relación con el Dinamismo: Al estirar el pistón de una jeringuilla con la boquilla tapada, aplicamos una fuerza que genera una dinámica evidente por el movimiento del pistón, generando espacio, pero hasta si el nuevo espacio está localizado dentro del pistón, en realidad está situado dentro de toda la atmósfera terrestre, y la simple acción aumentará la atmósfera total terrestre proporcionalmente al espacio generado en la jeringuilla. Una de las propiedades del espacio ya conocida es la de disminuir la densidad, en resumen con un simple estiramiento de una jeringuilla la densidad de la atmósfera terrestre disminuye por generarse un espacio de más entre los átomos que la conforma. La disminución de la densidad tiene como resultado un aumento volumétrico, más concreto el aumento de la atmósfera terrestre, este aumento reducirá proporcionalmente la distancia entre la tierra en su conjunto (incluyendo la atmósfera) y su satélite luna, también entre la tierra como conjunto y el sol, o entre la tierra, ***hasta la más lejana galaxia que todavía no hemos descubierto***, pero no parará aquí, afectará el universo entero, la realidad misma, proporcionalmente al espacio generado dentro de una banal jeringuilla.

¿Que demuestra este experimento? No demuestra solo que se puede generar espacio, demuestra la conversión y relación Dinamismo / Espacio, donde la conversión es reversible, si se suelta el pistón, el Espacio desaparecerá, devolviendo el dinamismo. Puede que tienes la tendencia de usar el término Energía, porque se le parece más adecuado, pero no lo es, la Energía es solo un concepto muy amplio en el conocimiento actual pero sí que es una estructuración/manifestación del Dinamismo. En la ciencia la Energía es solo un concepto que definen variedades de efectos con causas distintas, en cuanto Dinamismo define el *Elemento Fundamental de la Realidad* misma.

Impersistencia Estructural: Estamos contemplando una impersistencia evidente en la estructura objetiva que afecta cualquier estructura a cualquier nivel en un marco temporal, donde el término temporal relaciona la impersistencia con las sucesiones de causas y efectos. Sea una estructura amorfa de materia, estructuras biológica o artificial, todas están afectadas por esta impersistencia. Este efecto se debe principalmente a la reorganización de las partículas fundamentales de Masas en un volumen restante, en continua disminución, guardando en lo posible la relación de proporcionalidad entre las partículas. La capacidad de las MASAS en transformar el Espacio en Masa es proporcional a la Superficie que define cada partícula estructurada, Superficie determinada a su vez por la cantidad/magnitud de Dinamismo que constituye la partícula. Desde esta definición se concluye que las masas aumentan en dinamismo, superficie y magnitud en una proporcionalidad perfecta, proporcional a la capacidad dinámica que define cada una, lo que define una constante de magnitud dinámica/superficie/sincronización/aumento, esto hará que la proporcionalidad dinámica entre ellas sea siempre constante si existe suficiente espacio, hasta si es incremental y conforme a la actuación de las Masas estas interactúan indirectamente, proporcional a las diferencias de magnitud entre sus magnitudes, afectará la estabilidad del sistema que conforman. Debido al marco de actuación que disminuirá y hará que las estructuras interfieran entre sí aumentando la dinámica y estructuración Universal. Entonces cualquier estructuración funcional por estable que sea, se verá afectada su integridad, este efecto afecta toda la estructura que conforma la Realidad, entonces también a las estructuras biológicas. La afectación de las estructuras biológicas lo denominamos como ***envejecimiento*** que no es una característica estrictamente biológica, afecta a tu casa, a tu coche, al planeta, al sistema planetario, al sistema galáctico y al Universo en su conjunto, todo existencial envejece al mismo tiempo, pero es solo una reestructuración global en un volumen en disminución constante.

Concepto Central expuesto: Impersistencia Estructural

- Se postula que ninguna estructura es completamente persistente a lo largo de sucesiones de causas y efectos (Tiempo ☺).
- Todo sistema sufre un **proceso de reorganización** debido a la dinámica de sus componentes fundamentales (**las Masas**), en un volumen que **disminuye constantemente**.
- Esto implica que **la estabilidad estructural es solo temporal** y está ligada a la capacidad de reajuste de sus elementos.

Mecánica del Proceso

1. **Relación Masa - Espacio**
   - Las **Masas** transforman el **Espacio en Masa**.
   - La capacidad de transformación depende de la **Superficie**, la cual está determinada por el **Dinamismo** constituyente de la Masa.
   - A medida que las Masas **aumentan simultáneamente y manteniendo sus proporcionalidades en dinamismo, superficie y magnitud**, deben reajustarse dentro de un marco de actuación cada vez más limitado.
2. **Reajuste Constante y Aumento de Dinámica**
   - A medida que las Masas crecen en magnitud, la proporcionalidad dinámica entre ellas **se mantiene constante pero con valores cada vez más altos**.
   - Esto genera **interferencias** entre estructuras, aumentando la complejidad y dinámica del sistema universal (aumento de dinamismo por volumen).
3. **Consecuencia: Ninguna Estructura es Permanente**
   - La disminución del **marco de actuación** lleva a que las estructuras interfieran entre sí, lo que **altera su estabilidad**.
   - Todo sistema, sin importar cuán funcional o estable sea, está sujeto a esta **reconfiguración progresiva**.

Aplicación Universal del Envejecimiento

- Se extrapola este principio a **todas las estructuras**, incluyendo:
  - Organismos vivos (**envejecimiento biológico**).
  - Objetos creados por el ser humano (**deterioro de estructuras, tecnología**).
  - Sistemas astronómicos (**planetas, galaxias, universo**).
- **El envejecimiento no es solo biológico, sino una propiedad fundamental de la existencia.**
- Sin embargo, en lugar de verlo como un "decaimiento", se presenta como **una reestructuración global** dentro de la evolución de la Realidad misma.

Filosofía Implícita

- **Determinismo estructural**: Todo sistema sigue inevitablemente este ciclo de reconfiguración de las masas por reajuste al marco de actuación.
- **Causalidad universal**: Se enfatiza la relación entre causa-efecto dentro del marco temporal.
- **Impermanencia**: Nada en la Realidad es estático, sino que todo está en flujo y transformación continua.

Esta presentación plantea un modelo de existencia donde **la persistencia es solo una ilusión temporal**, ya que toda estructura, desde un átomo hasta el universo, está en un proceso de reajuste constante de las Masas dentro del Espacio restante, hasta su conversión total en Masa (*MATERIALIZACIÓN TOTAL*). Lo que comúnmente percibimos como "envejecimiento" no es más que la manifestación de este fenómeno a distintas escalas.

Metáfora

La Paradoja de las Gallinas Devoradoras de Espacio: Imagina un grupo de pollitos confinados en un espacio cerrado. Su alimento no es pienso, sino el propio espacio en el que existen. Cada uno consume como sustento porciones de espacio proporcionales a su masa entonces la relación de crecimiento será proporcional constante entre los individuos, siendo todavía pequeños el Espacio disponible les permite mantenerse activos y organizados en grupos de conveniencia bastante separados, donde pueden moverse con cierta libertad.

Sin embargo, a medida que crecen y se convierten en gallinas, su necesidad de alimento (espacio) incrementa hasta si se mantiene proporcional y constante a su masa alcanzada, pero la cantidad disponible de Espacio (alimento que es el mismo marco de actuación) disminuye. Esto obliga a las gallinas a redistribuirse en un entorno cada vez más reducido, intensificando su interacción y generando un aumento en la dinámica dentro y entre los grupos en busca de un sustento cada vez más escaso. El reajuste es inevitable, ya que cada gallina compite por el espacio restante, intentando mantener constante en proporcionalidad entre el espacio consumido en relación a la masa alcanzada, importante para mantener su integridad estructural y función.

A medida que el espacio disponible se reduce drásticamente, las tensiones aumentan. En un punto crítico, la falta de espacio se vuelve insostenible: las gallinas, incapaces de encontrar sustento suficiente para mantener la proporcionalidad del consumo con masa alcanzada, empiezan a consumir (asimilar) lo único que queda a su alcance: a sus compañeras englobándolas en sus estructuras. En este proceso de asimilación extrema, las estructuras individuales colapsan en una progresión caníbal, hasta que solo queda una última entidad funcional que ha absorbido (asimilado) a todas las demás.

Pero esta última gallina enorme, al haber consumido todo el espacio y haber agotado cualquier marco de actuación, también se enfrenta a su desaparición. Sin un entorno donde existir (marco de actuación), y sin capacidad de incrementar, su estructura colapsa y se disuelve en una masa inerte, sin dinámica ni interacción.

La metáfora describe la **impersistencia estructural**, es decir, la incapacidad de cualquier estructura (física, biológica o artificial) de mantener su estado debido a la continua reorganización de las masas en un espacio en disminución donde las estructuras tienen que cumplir un carácter funcional permanente y incremental.

La metáfora cruel de los pollitos/gallinas encapsula esta idea mostrando cómo, en un entorno cerrado, el consumo de espacio como sustento lleva a un reajuste constante con un aumento de la dinámica interna y, eventualmente, un colapso inevitable cuando ya no queda marco de actuación y se imposibilita la actuación y el incremento.

Es una forma brutal pero efectiva de ilustrar cómo cualquier sistema funcional, cuando enfrenta la reducción de su marco existencial, aumenta la dinámica por volumen. Un concepto profundo que ilustra la actuación de las Masas que actúan sobre un Espacio común asimilado. (Es una metáfora mental, así que ningún pollo real ha sido traumatizado en el proceso. ☺)

Es una visión determinista de la evolución de los sistemas basada en su propia naturaleza transformación y reajuste constante que afecta su estructuración. La existencia misma, al depender de un marco de actuación para manifestar la función, se convierte en una lucha contra su propia desaparición. Filosóficamente, esto puede aplicarse tanto a la materia como a sociedades, civilizaciones o incluso la conciencia.

Desde la Complicación Activa hasta una Estructuración Pasiva Excesiva

Este es el **principio del desequilibrio que tiende hacia un equilibrio total**, rigiendo la Realidad y determinando su funcionalidad hasta el colapso en un proceso de desmaterialización a materialización total, donde materialización no significa necesariamente Materia, solo estructurado, desde cual deriva en Tangibilidad.

- Todo **sistema errático** representa una complicación inicial.
- Con cada nueva estructuración, la complicación disminuye, y la actuación se vuelve organizada y previsible debido a la sincronización.

El Origen del Desequilibrio Funcional

Cada ciclo comienza con una **división errática**, lo que genera:

1. **Variedad de referencias** → Masas con estructuras convergentes en sus trayectorias del Dinamismo que las conforman.
2. **Generación de un marco de actuación** → Un **Espacio contiguo y común** que definirá las interacciones posibles.

Este desequilibrio inicial es **fundamental para la funcionalidad**.

La Formación de la Materia y la Segmentación del Espacio

- La funcionalidad inicia por **sincronización**:
  - El Espacio se ajusta conforme a la estructura de la Masa.
  - Las Masas generan **aglomeraciones**, dividiendo el Espacio total en marcos de actuación delimitaos internos.
- Estas aglomeraciones de Masas forman **átomos**, que representan **sistemas estables** alcanzando un equilibrio dinámico.
- A su vez, las aglomeraciones de átomos forman **materia**, que continúa segmentando el Espacio en marcos de actuación que delimitan las aglomeraciones de materia.

A medida que la Materia se organiza en estructuras mayores, su dinámica interna busca el equilibrio conjunto.

El Desequilibrio como Motor de la Funcionalidad

- **Cada estructura que alcanza un equilibrio dinámico individual genera nuevas divisiones**, aumentando el desequilibrio total.
- Esto ocurre porque el **marco de actuación lo permite**.
- Como todo en la Realidad es **Dinamismo**, este se manifiesta siempre que haya un marco de actuación, en caso contrario será solo potencial (El Dinamismo no desaparece, solo se transforma si hay marco de actuación).

El Espacio como combustible

- **Cada equilibrio alcanzado genera un nuevo desequilibrio funcional**, asegurando que el sistema continúe dinamico.
- El **marco de actuación** (el Espacio) actúa como **combustible**:
    - Cuanto más Espacio disponible, más funcionalidad se permite.

El Universo como una Máquina Simple

- **La sincronización es la función**:
    - Tanto la máquina como su combustible están hechos del mismo elemento.
    - Esto convierte la Realidad en una **máquina auto-definida**.
    - El Universo es la **máquina más simple de sí misma**.

La Realidad es un **proceso continuo (cíclico) de desmaterialización y materialización (un ciclo completo marca un ciclo universal)**.

- La funcionalidad solo existe si hay un **marco de actuación**.
- Consume Espacio y es **incremental** en cada ciclo de desmaterialización y materialización.
- El Dinamismo aumenta en cada ciclo, ya que es el elemento constitutivo de la Realidad.

Materialización y Desmaterialización: El Ciclo de la Realidad

- **Materialización dinámica** → Se manifiesta con aceleración por Gravedad, aumentando el Dinamismo potencial en la estructura resultante.
- **Desmaterialización no dinámica** → Se produce por **falta de Gravedad**, afectando la estructura material previa.

El Papel de la Gravedad

- La Gravedad permite la Materialización.
- La Gravedad ocurre cuando el Espacio y la Masa existen en conjunto (coexisten).
- En la **Materialización completa**, el Espacio desaparece al transformarse totalmente en Material (Partícula Primordial, materialización completa).
- **Sin Gravedad, la estructura material colapsa**, liberando el Dinamismo que no puede mantenerse, desintegrando la Masa Primordial en:
    - Masas (partículas fundamentales tangibles) estructuradas en su forma más básica, trayectorias definidas convergentes, dinamismo potencial.
    - Espacio resultante, desde la misma magnitud dinámica potencial contenida previamente en la Masa Primordial.

Conclusión

Este modelo propone que la existencia está regida por un **ciclo continuo de estructuración y desestructuración**, impulsado por la relación entre **Masa y Espacio** elementos constituidos desde el fundamental **Dinamismo**.

- **La funcionalidad existe (se manifiesta) solo si hay marco de actuación.**
- **El equilibrio no es un estado permanente, sino una transición entre desequilibrios.**
- **La Gravedad es el mecanismo clave de la Materialización, su falta genera efecto contrario.**
- **El Espacio actúa como combustible que genera y sostiene la dinámica del sistema.**

Este proceso **se repite a todas las escalas**, desde lo más elemental hasta lo universal, definiendo la Realidad como un sistema de autoorganización en expansión constante entre ciclos (incremental).

. Reflexiones y conversación indirecta con el lector:

En este modelo, el Espacio no es solo un "escenario" pasivo donde ocurren las cosas, sino un **elemento fundamental y activo que genera y permite la actividad** dentro del proceso de funcionamiento de la Realidad.

La idea de que el Espacio **se consume** no debe interpretarse en el sentido tradicional de la física, donde el Espacio es visto como un "contenedor" vacío y eterno. En cambio, si el Espacio es un **recurso que permite la funcionalidad**, su reducción progresiva implicaría una transformación, no una desaparición. No es que el Espacio "deje de existir", sino que cambia su forma de manifestación en el ciclo de Materialización y Desmaterialización.

Este concepto choca con la visión estándar de la energía en física, que se define a partir de efectos observables más que como una entidad con existencia propia. Como se indica en la Teoría, la energía es un término paraguas para describir cambios de estado, pero no se define en sí misma como un "elemento" independiente (hasta si es un derivado del fundamental). En, contraste, en este modelo, el Espacio sí tiene una entidad propia con una función específica.

Entonces, si el Espacio es lo que hace posible la funcionalidad y actúa como el medio **necesario** para que se manifieste el Dinamismo, **su consumo no es una opción, sino una obligación física**. La estructura misma de la Realidad lo exige, porque sin un marco de actuación, el Dinamismo solo podría existir como una potencialidad, sin manifestarse (falta de función).

Esto implica que la Realidad **no es solo movimiento (manifestación) dentro del Espacio, sino que también transforma el Espacio mismo**. Esto se alinea con ciertas ideas de la física moderna donde el Espacio puede curvarse, expandirse o contraerse, pero aquí se lleva más allá: el Espacio es un recurso que define los límites y la posibilidad misma de la existencia material.

Extras:

- El conocimiento no elimina los sueños, solo te hará diferenciar la objetividad.
- El saber absoluto no aumentará y tampoco quitará tus miedos, solo eliminará el miedo a lo desconocido.
- El verdadero saber te da la capacidad de predicción y adelantarte a los hechos antes que ocurran y la posibilidad de evitarlos.
- La sabiduría es la luz que te hará ver después de cada curva de incertidumbre.
- Lo que se sabe no es falso o irreal, solo puede ser incorrecto.
- No existe experimento con resultado falso, solo malinterpretado.

"Por la objetividad de esta Teoría, pague solo, más de 31 años de mi vida, un precio que nadie quiso compartir, quizás consideraron demasiado alto el precio, o porque evaluaron, que no valía la pena el precio y hasta que me juzgaron de derrochador. No hay reembolso posible, así que decidí compartirlo, para que seas tú quien juzgue si el gasto tuvo sentido o si lo obtenido justifica el precio que pagué."

Editorial: BoD · Books on Demand, Calle de Manzanares, 4, 28005 Madrid, bod@bod.com.es

Impresión: Libri Plureos GmbH, Friedensallee 273, 22763 Hamburg (Alemania)

ISBN: 978-84-1373-0615

Índice